U0309019

献给杰西和凯特——我生命中的两缕阳光。

——卡里尔·哈特

献给查理、艾略特、米洛、霍莉、卢卡和梅芙，不管天气如何，你们总能使我微笑。

——贝唐·伍尔温

去问问天气

[英] 卡里尔 · 哈特 Caryl Hart 文
[英] 贝唐 · 伍尔温 Bethan Woollvin 图
董海雅 译

MEET THE WEATHER

浙江科学技术出版社

早晨一出门，你有没有发现
天色灰蒙蒙，潮湿又阴沉？
也可能天气暖洋洋，明媚又晴朗——
你有没有好奇，是谁让天气变成了这样？

其实，天气是大自然的一部分，
每个月、每个星期、每一天都会变化。
阳光、空气和水以不同的方式组合在一起，
便形成了各种各样的天气。

来吧……

我们一起去探险，

乘上神奇的热气球，

和高空的天气交个朋友……

快点儿！准备好喽，去天空遨游！

嗨，你好！我是**云**！能认识你可真好。

快过来吧，跟我们一起飘呀飘！

多希望你能在我们的肚子上蹦蹦跳跳……

可惜我们是由小水滴或小冰晶形成的，支撑不了你。

先别走，看我们一会儿吧，我保证
我们会为你变出各种形状。
瞧！一只小鸭子、一条鱼、一颗爱心——
我们云的本领呀，那是响当当！

呜——呼呼——

我是**风**，呼啸的狂风！

我是快速流动的空气。

有时我又轻柔得像羽毛一样——

拂过你的发梢，好像在挠痒痒。

一旦我吹起阵阵强风，那可真是乐趣无穷。

我能把大树吹得东倒西歪。

来，深吸一口气，跟我吹起来。

准备好了吗……

一、二、三——吹呀！

咔嚓——咔——砰!
我是闪电，威力无穷。
我是一团巨大的电火花。
我一般从极其庞大的积雨云中诞生，
能照亮整个黑暗的天空。

我有个吵闹的小伙伴，叫**雷**。哇！你听！

她一把抓住**咔嚓**声，

猛地往地上一扔，那响声**轰隆隆**！

周围邻居中，数她最闹腾！

哇哦！小心！

我是不断旋转的**龙卷风**！

狂野又凶猛——

请你一定要当心！

我威力无边，能把整栋房子都掀翻，

还能把大树、小汽车和大卡车

统统卷上天！

呜——呼！

呃……

宝贝儿，是你吗？我是**雾**。请离我近一点儿，

我想看看你，可实在看不清楚。

快握住我的手，小心看着路。

最朦胧的天气，非我莫属！

我感觉湿答答的——潮湿、昏暗又阴冷。
我让树和灯柱看起来像影子一样模糊。
所以你就慢一点儿走吧，打开照明灯……
一定要小心，千万别迷路！

我是**雪**，宝贝儿！你怎么可能不爱我？

我像羽毛一样轻盈松软！

轻轻地飘落在地上，多么美啊——

我能把整个大地变成白茫茫的一片！

你可以把我团成一个雪球，
但团之前，先仔细看看，你会发现，
每片雪花都是晶莹剔透的冰晶，
那么脆弱，又那么精致。

哇，好棒呀！
我是**晴天**里金灿灿的阳光！
快戴上帽子，涂点儿防晒霜，和我一起玩吧！
每当我在空中**闪耀**，整个世界都会微笑。
尽情放松吧——今天天气真好！

我特别喜欢跟**乌云**一起玩玩闹闹，
在高高的天空中捉迷藏。
要是你怎么也找不到我，别烦恼，
我很快就会探出头来，
大叫一声：“嘿！你好！”

滴答，啪嗒，噼里啪啦！

我是**雨**，正哗啦啦地下！

我是在云里产生的——对，这一点儿不假！

我们小雨点长呀长，长到肥肥壮壮的时候，

就会“啪嗒啪嗒”掉下来，把你淋个透。

我们渗入你周围的土壤，
帮助自然万物茁壮成长。
瞧！这些**森林**和**树蛙**多喜欢我们呀——
希望你也一样！
嗨哟！

快看我！我是一道弯弯的**彩虹**！
你会在阳光和雨相遇的地方看见我。
我身上有**七种**鲜艳的颜色，
说不定你能在我脚下找到金子呢！

我们经历了这么美妙的飞行，
现在该踏上回家的旅程了。
但天气会永远陪伴在我们身边，
不论是每个白天，还是每个漆黑的夜晚。

下一次你向窗外望去时，
看看在外面玩耍的是什么天气。
你的新朋友们都盼着和你一起玩呢！

告诉我，

今天的天气怎么样？

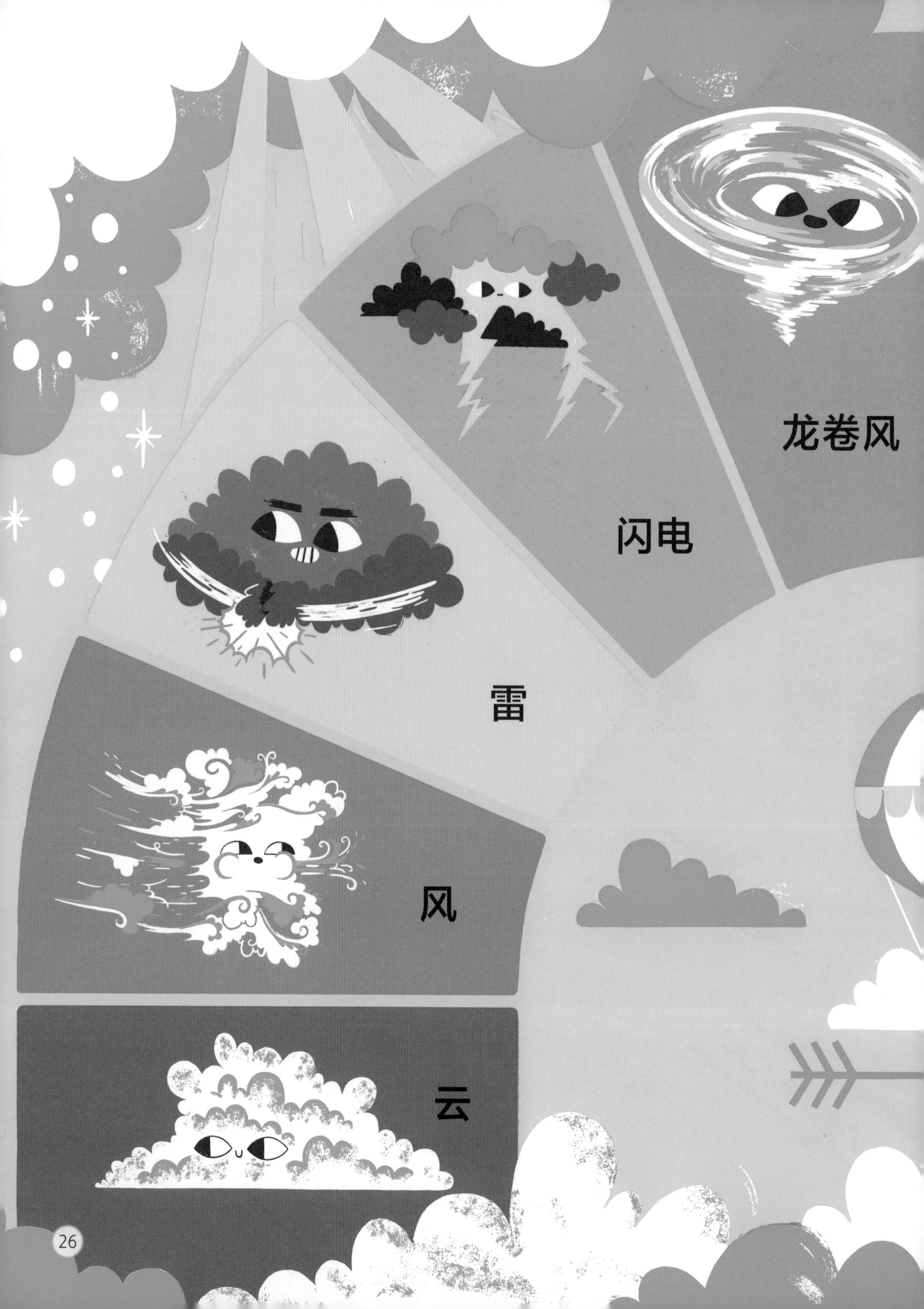
龙卷风
闪电
雷
风
云

雾
雪
晴
雨
彩虹

著作合同登记号 图字：11-2023-071

图书在版编目（CIP）数据

去问问天气 /（英）卡里尔·哈特文；（英）贝唐·伍尔温图；董海雅译. — 杭州：浙江科学技术出版社，2023.6
（去问问大自然）
ISBN 978-7-5341-5099-9

Ⅰ. ①去… Ⅱ. ①卡… ②贝… ③董… Ⅲ. ①天气－儿童读物 Ⅳ. ① P44-49

中国国家版本馆 CIP 数据核字 (2023) 第 064763 号

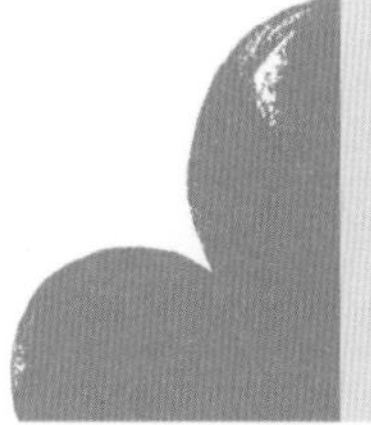

去问问大自然
去问问天气

［英］卡里尔·哈特　文　［英］贝唐·伍尔温　图
董海雅　译

出　版	浙江科学技术出版社	网　址	www.zkpress.com
地　址	杭州市体育场路 347 号	联系电话	0571-85176593
邮政编码	310006	印　刷	嘉业印刷（天津）有限公司
发　行	读客文化股份有限公司		

开　本	889mm × 1194mm 1/16	印　张	2
字　数	25 000		
版　次	2023 年 6 月第 1 版	印　次	2023 年 6 月第 1 次印刷
书　号	ISBN 978-7-5341-5099-9	定　价	35.00 元

责任编辑 卢晓梅　责任校对 张　宁　特约编辑 蔡舒洋　马敏娟
责任美编 金　晖　责任印务 叶文炀　封面装帧 吕倩雯